# もくじ

**学校図書**版
**しょうがっこう　さんすう**
**1**ねん　準拠

教科書 **上**

教科書 **下**

# 1　10までの　かず ①

／100てん

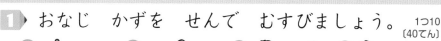

**1** おなじ　かずを　せんで　むすびましょう。　1つ10〔40てん〕

① 　② 　③ 　④

・　　　　　・　　　　　・　　　　　・

・　　　　　・　　　　　・　　　　　・

あ 　い 　う 　え

**2** かずを　すうじで　かきましょう。　1つ10〔60てん〕

① 　② 　③

④ 　⑤ 　⑥

# 1　10までの　かず ①

／100てん

## **1** ●の　かずを　すうじで　かきましょう。

1つ10
〔50てん〕

① ② ③ ④ ⑤

## **2** かずを　すうじで　かきましょう。

1つ10〔50てん〕

① ② ③

④ ⑤

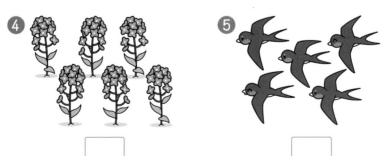

こたえは
65ページ

# 1　10までの　かず②

／100てん

## 1 ▶ おおい　ほうに　○を　つけましょう。　1つ10〔40てん〕

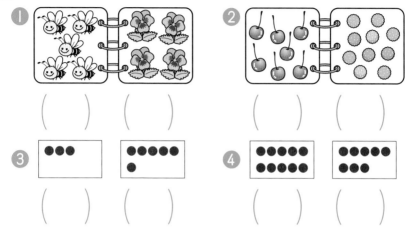

① （　　）　（　　）　　② （　　）　（　　）

③ （　　）　（　　）　　④ （　　）　（　　）

## 2 ▶ □に　かずを　かきましょう。　1つ15〔30てん〕

① 1　2　□　—　　② 5　□　7

## 3 ▶ ちゅうりっぷの　かずを　かきましょう。　1つ10 〔30てん〕

①　　②　　③

# 1　10までの　かず②

／100てん

**1** びすけっとを　たべました。おさらに　いくつ　のこって　いますか。　1つ10〔20てん〕

❶

□

❷

□

**2** □に　かずを　かきましょう。　1つ20〔40てん〕

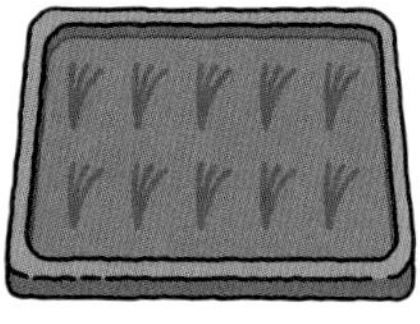

❶ □－1－2－3－□

❷ 6－□－8－9－□

**3** おおい　ほうに　◯を　つけましょう。　1つ10〔40てん〕

❶ ●●●●　3
(　)(　)

❷ ●●●●●●●　8
(　)(　)

❸ 5　7
(　)(　)

❹ 9　6
(　)(　)

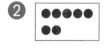

こたえは65ページ

# 2 いくつと いくつ

／100てん

**1**▶ 6は いくつと いくつですか。　1つ10〔40てん〕

①  　**1** と □

②  　**2** と □

③  　□ と **3**

④  　□ と **5**

**2**▶ あわせて 10に なるように、せんで
むすびましょう。　1つ15〔60てん〕

① 　② 　③ 　④

・　　・　　・　　・

・　　・　　・　　・

あ 　い 　う 　え

# 2 いくつと いくつ

**1** おはじきが ▨の かずだけ あります。てで
かくして いるのは いくつですか。

1つ10〔30てん〕

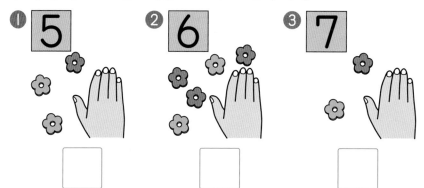

① **5**

② **6**

③ **7**

▢　　　　▢　　　　▢

**2** ▢に かずを かきましょう。

1つ20〔60てん〕

① 5は **2** と ▢ 、 **1** と ▢ 、 **3** と ▢

② 9は **8** と ▢ 、 **4** と ▢ 、 **3** と ▢

③ 8は **4** と ▢ 、 **7** と ▢ 、 **2** と ▢

**3** 2つの かずで 10に します。たて、よこで
みつけて せんで かこみましょう。

〔10てん〕

（れい）

| 1 | 2 | 8 |
| 6 | 5 | 7 |
| 4 | 9 | 3 |

こたえは
65ページ

# 3　なんばんめかな

/100てん

**1**▶　もんだいに　あわせて　いろを　ぬりましょう。

①　まえから　5ひきめの　さかな

1つ20〔40てん〕

（まえ）　　　　　　　　　　　　　　　　　　　　（うしろ）

②　まえから　3びきの　さかな

（まえ）　　　　　　　　　　　　　　　　　　　　（うしろ）

**2**▶　えを　みて　こたえましょう。

1つ20〔60てん〕

（うえ）

①　うさぎは　うえから
なんばんめですか。

☐ ばんめ

②　ねこは　したから
なんばんめですか。

☐ ばんめ

③　うえから　4ばんめの
どうぶつは　したから
なんばんめですか。

☐ ばんめ

（した）

## 3　なんばんめかな

／100てん

**1**　もんだいに　あわせて　いろを　ぬりましょう。

❶　ひだりから　6ぴきめの　いぬ　　　　1つ25〔50てん〕

❷　ひだりから　4ひきの　いぬ

**2**　えを　みて　こたえましょう。　　　1つ25〔50てん〕

❶　ばすは　うしろから　なんばんめですか。

☐　ばんめ

❷　りんごが　5こ　はいった　かごは、みぎから
なんばんめですか。

☐　ばんめ

こたえは
66ページ

# 4　あわせて　いくつ
## ふえると　いくつ①

**1** あわせると　いくつに　なりますか。　　　1つ20〔60てん〕

① 4ひき　　1ぴき

【しき】 $4+1=$ ☐

こたえ ☐ ひき

② 2ひき　　2ひき

【しき】 $2+$ ☐ $=$ ☐

こたえ ☐ ひき

③ 1だい　　3だい

【しき】 ☐ $+$ ☐ $=$ ☐

こたえ ☐ だい

**2** ふえると　いくつに　なりますか。　　　1つ20〔40てん〕

① 5わ　　　2わ
　います。　きました。

【しき】 $5+$ ☐ $=$ ☐

こたえ ☐ わ

② 3こ　　　3こ
　あります。ふえました。

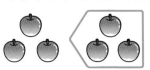

【しき】 ☐ $+$ ☐ $=$ ☐

こたえ ☐ こ

## 4　あわせて　いくつ
## 　　ふえると　いくつ ①

**1** ぜんぶで　なんびきに　なりますか。　〔10てん〕

3びき　　　　　　4ひき　　　　【しき】

$\boxed{\phantom{0}} + \boxed{\phantom{0}} = \boxed{\phantom{0}}$

こたえ $\boxed{\phantom{0}}$ ひき

**2** ぜんぶで　なんだいに　なりますか。　〔10てん〕

8だい　　　　　　2だい
あります。　　　きました。

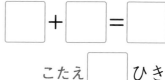

【しき】 $\boxed{\phantom{00000}} = \boxed{\phantom{0}}$　こたえ $\boxed{\phantom{0}}$ だい

**3** たしざんを　しましょう。　　1つ10〔80てん〕

① 1+5　　　② 2+7　　　③ 4+4

④ 3+1　　　⑤ 1+1　　　⑥ 6+3

⑦ 4+2　　　⑧ 7+3

こたえは
66ページ

# 4 あわせて いくつ
## ふえると いくつ ②

/100てん

**1** あわせて いくつに なりますか。　　1つ20〔60てん〕

① 5こ　　2こ

【しき】 ☐ + ☐ = ☐

こたえ ☐ こ

② 5こ　　0こ

【しき】 ☐ + ☐ = ☐

こたえ ☐ こ

③ 0こ　　1こ

【しき】 ☐ + ☐ = ☐

こたえ ☐ こ

**2** たしざんの しきと こたえの かあどを
せんで むすびましょう。　　1つ10〔40てん〕

① 3+3　② 3+6　③ 2+5　④ 8+2

あ 7　い 10　う 6　え 9

## 4 あわせて いくつ
## ふえると いくつ ②

／100てん

**1** あかい はなが 4ほん あります。しろい
はなが 4ほん あります。はなは、ぜんぶで
なんぼん ありますか。

〔20てん〕

【しき】 ☐ ＋ ☐ ＝ ☐

こたえ ☐ ぽん

**2** おなじ こたえに なる かあどを せんで
むすびましょう。

1つ5〔20てん〕

● ① 5＋2　　❷ 1＋9　　❸ 2＋6　　❹ 4＋5

・　　　　　・　　　　　・　　　　　・

・　　　　　・　　　　　・　　　　　・

あ 6＋2　　い 3＋4　　う 0＋9　　え 3＋7

**3** たしざんを しましょう。

1つ10〔60てん〕

① 1＋6　　❷ 3＋5　　❸ 6＋0

❹ 8＋0　　❺ 0＋9　　❻ 0＋0

こたえは
66ページ

# 5 のこりは いくつ ちがいは いくつ ①

月　　日

／100てん

**1** のこりは いくつに なりますか。　1つ20〔60てん〕

① はじめに 3びき

【しき】 $3-2=$ ☐

こたえ ☐ ぴき

② はじめに 6だい

【しき】 $6-$ ☐ $=$ ☐

こたえ ☐ だい

③ はじめに 4ほん

【しき】 ☐ $-$ ☐ $=$ ☐

こたえ ☐ ぼん

**2** のこりは いくつに なりますか。　1つ20〔40てん〕

① 3だい あります。 → 3だい でていくと…。

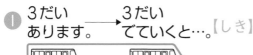

【しき】 ☐ $-$ ☐ $=$ ☐

こたえ ☐ だい

② 5ひき います。 → 1ぴきも すくえないと…。

【しき】 ☐ $-$ ☐ $=$ ☐

こたえ ☐ ひき

こたえは 66ページ

# 5　のこりは　いくつ
## ちがいは　いくつ①

**1▶** はとが 9わ います。5わ とんで いきました。
のこりは　なんわに　なりましたか。　〔10てん〕

【しき】 ［　　　　　　］＝［　　］　こたえ ［　　］わ

**2▶** ひきざんを　しましょう。　1つ10〔80てん〕

① 2−1　　② 6−3　　③ 8−4

④ 10−4　　⑤ 5−3　　⑥ 7−2

⑦ 4−1　　⑧ 3−2

**3▶** こたえが ▢の なかの かずに なる しきを
あ〜えから えらび、ぜんぶ かきましょう。

1つ5〔10てん〕

① **1** （　　　　　）　② **0** （　　　　　）

あ 1−0　い 1−1　う 0−0　え 9−8

こたえは 66ページ

## 5　のこりは　いくつ
## 　ちがいは　いくつ②

／100てん

**1**▶ あめは　けえきより、なんこ　おおいですか。

〔20てん〕

【しき】 □ － □ ＝ □

こたえ □ こ　おおい

**2**▶ ばっとは　ぼうるより、いくつ　すくないですか。

〔20てん〕

【しき】 □ － □ ＝ □

こたえ □ つ　すくない

**3**▶ ひきざんの　しきと　こたえの　かあどを、
せんで　むすびましょう。

1つ15〔60てん〕

① | 10－5 |　② | 9－5 |　③ | 9－2 |　④ | 8－6 |

・　　　　・　　　　・　　　　・

・　　　　・　　　　・　　　　・

あ | 5 |　い | 2 |　う | 4 |　え | 7 |

## 5　のこりは　いくつ
## 　ちがいは　いくつ②

**1**▶ うさぎが　3びき、ひつじが　8ぴき
います。ひつじは　うさぎより
なんびき　おおいですか。　〔30てん〕

【しき】 ☐☐☐ = ☐　　こたえ ☐ ひき

**2**▶ こうえんで　1ねんせいが　6にん、
2ねんせいが　10にん　あそんで　います。
どちらが　なんにん　おおいですか。　〔30てん〕

【しき】 ☐☐☐ = ☐

こたえ（　　　　　　　　　）が　☐ にん　おおい

**3**▶ すぷうんは　あと　なんぼん　いりますか。〔30てん〕

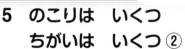

【しき】 ☐☐☐ = ☐　　こたえ ☐ ほん

**4**▶ こたえが　3に　なる　かあどは　どれですか。
〔10てん〕

あ 8−7　　い 4−2　　う 10−7　　え 6−4

（　　　　　）

こたえは
66ページ

# 6　いくつ　あるかな

／100てん

**1**▶ くだものが　たくさん　あります。かずを
わかりやすく　せいりします。
　それぞれの　かずだけ　いろを　ぬりましょう。

1つ20〔100てん〕

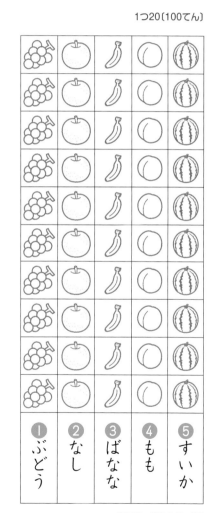

| ①ぶどう | ②なし | ③ばなな | ④もも | ⑤すいか |
|---|---|---|---|---|

# 6 いくつ あるかな

/100てん

**1▶** まえの ぺえじで いろを ぬった ものを みて、わかった ことを こたえましょう。

1つ20〔100てん〕

| ぶどう | なし | ばなな | もも | すいか |
|---|---|---|---|---|
| | | | | |

**①** いちばん おおい ものは どれですか。

（　　　　　　　）

**②** いちばん すくない ものは どれですか。

（　　　　　　　）

**③** 2ばんめに おおい ものは どれですか。

（　　　　　　　）

**④** おなじ かずの ものは、どれと どれですか。

（　　　　　　　）と

（　　　　　　　）

**⑤** なしの かずは なんこですか。

（　　　　　　　）

こたえは 67ページ

# 7　10より おおきい かずを かぞえよう ①

／100てん

**1** ▶ □に かずを かきましょう。　　　　1つ10〔20てん〕

① 　　　　　　　　② 

10 と □ で

□

10 と □ で

□

**2** ▶ いくつ ありますか。□に かずを かきましょう。　　　1つ20〔40てん〕

①

10 と □

□ こ

②

10 と □

□ こ

**3** ▶ □に かずを かきましょう。　　　1つ10〔40てん〕

① 13は 10と □。　② 17は □ と 7。

③ 10と 1で □。　④ 10と 9で □。

# 7　10より　おおきい　かずを　かぞえよう ①

/100てん

**1** かずを　かぞえましょう。　　　　　1つ10〔20てん〕

❶

❷

 ぴき　　　　　　　 こ

**2** □に　かずを　かきましょう。　　　　1つ10〔40てん〕

❶
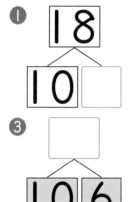

❷
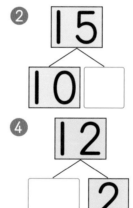

**3** □に　かずを　かきましょう。　　　　1つ10〔40てん〕

❶ 10と　3で　。　❷ 10と　10で　。

❸ 17は　10と　。　❹ 19は　 と　9。

こたえは
67ページ

# 7　10より おおきい かずを かぞえよう ②

／100てん

**1** □に かずを かきましょう。　1つ10〔40てん〕

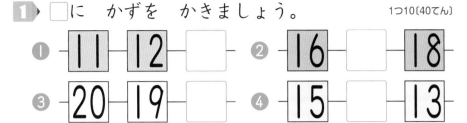

① 11 12 □　② 16 □ 18

③ 20 19 □　④ 15 □ 13

**2** ㋐、㋑で どちらが おおきいですか。　1つ10〔30てん〕

① ㋐ 9　㋑ 12 （　　）　② ㋐ 18　㋑ 16 （　　）

③ ㋐ 20　㋑ 15 （　　）

**3** かずのせんの めもりを みて、つぎの かずを かきましょう。　1つ10〔30てん〕

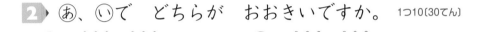

0 1 2 3 4 5 6 7 8 9 10 11 12 13 14 15 □ 17 18 19 20

① かずのせんの □に はいる かず

② 11より 3 おおきい かず

③ 15より 2 ちいさい かず

## 7 10より おおきい かずを かぞえよう ②

/100てん

**1** ▶ □に かずを かきましょう。　　　　1つ20〔40てん〕

① ─[　]─[11]─[　]─[13]─[14]─[　]─[　]─

② ─[20]─[　]─[18]─[　]─[16]─[　]─[　]─

**2** ▶ えを みて、つぎの かずを かきましょう。

1つ10〔20てん〕

0 1 2 3 4 5 6 7 8 9 10 11 12 13 14 15 16 17 18 19 20

① うさぎが あと 3つ すすんだ かず　[　]

② かめが あと 2つ すすんだ かず　[　]

**3** ▶ □に かずを かきましょう。　　　　1つ10〔40てん〕

① 13より 4 おおきい かずは [　]

② 19より 7 ちいさい かずは [　]

③ 18は 15より [　] おおきい かず

④ 14は 16より [　] ちいさい かず

こたえは
67ページ

## 7　10より　おおきい　かずを　かぞえよう ③

/100てん

**1**▶ □に　かずを　かきましょう。

1つ10〔40てん〕

① 10に　8を　たした　かず。

【しき】　10+8=□

② 17から　7を　ひいた　かず。

【しき】　17−7=□

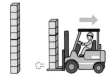

③ 17に　2を　たした　かず。

【しき】　17+□=□

④ 19から　5を　ひいた　かず。

【しき】　19−□=□

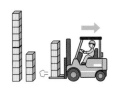

**2**▶ けいさんを　しましょう。

1つ10〔60てん〕

① 10+5　　　　② 10+7

③ 14+3　　　　④ 12−2

⑤ 16−6　　　　⑥ 15−3

かくにん **12**

# 7 10より おおきい かずを かぞえよう ③

/100てん

**1** しいるを 14まい もって います。5まい もらうと ぜんぶで なんまいに なりますか。

〔10てん〕

【しき】 □ = □ 　こたえ □ まい

**2** いちごが 18こ あります。 8こ たべると のこりは なんこに なりますか。

〔10てん〕

【しき】 □ = □ 　こたえ □ こ

**3** けいさんを しましょう。

1つ10〔60てん〕

① 10+3 　　② 11+6

③ 13+6 　　④ 14−4

⑤ 15−1 　　⑥ 17−5

**4** □に かずを かきましょう。

1つ5〔20てん〕

① 20と 5で □。 ② 30と 4で □。

③ 27は □ と 7。 ④ 30は □ が 3こ。

こたえは 68ページ

# 8 なんじ なんじはん

/100てん

**1** とけいを よみましょう。 ❶20❷❸1つ10〔40てん〕

①  （　　）

② （　　）

③ （　　）

**2** （　）に きごうを かきましょう。 1つ20〔60てん〕

① 10じはんの
とけいは （　　）です。

② 5じはんの
とけいは （　　）です。

③ 2じはんの
とけいは （　　）です。

/100てん

## 8　なんじ　なんじはん

 とけいを　よみましょう。

1つ10〔40てん〕

①

②

（　　　　　　　）　　　　　（　　　　　　　）

③

④

（　　　　　　　）　　　　　（　　　　　　　）

**2** ながい　はりを　かきましょう。

1つ15〔60てん〕

① ６じ

②  １じ
はん

③ ３じ

④ 12じ
はん

こたえは
**68**ページ

## 9　かたちあそび

／100てん

**1** ❶〜❻は、下の　あ〜えの　どの　かたちの
なかまですか。きごうを　かきましょう。　1つ15〔90てん〕

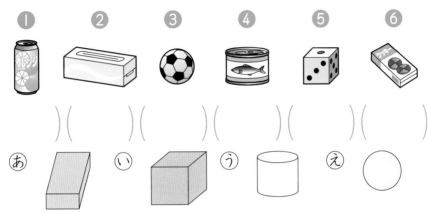

❶　❷　❸　❹　❺　❻

( 　　 )( 　　 )( 　　 )( 　　 )( 　　 )( 　　 )

あ　　　い　　　う　　　え

**2** つみきで　右のような　タワーを　つくります。
タワーの　つみきと　おなじ　かたちの　つみきは
どれですか。

〔10てん〕

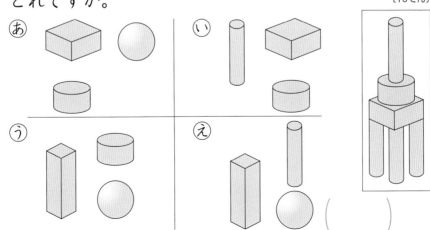

あ　　　い

う　　　え

( 　　 )

# 9　かたちあそび

**1** 下の ①〜④の うち 右の ジュースの かんの ように、ころがる かたちは どれですか。（ ）に ○を つけましょう。〔40てん〕

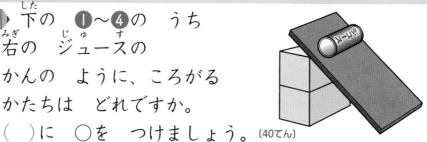

① ② ③ ④

（　）（　）（　）（　）

**2** 右の えの ①〜④は、どの つみきを うつして かきましたか。つかった つみきの きごうを かきましょう。1つ15〔60てん〕

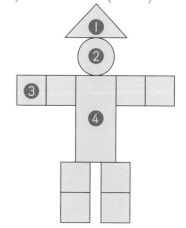

① ② ③ ④

（　）（　）（　）（　）

 あ
 い
 う

こたえは 68ページ

# 10 たしたり ひいたり してみよう

/100てん

**1** ねこは なんびきに なりましたか。 〔10てん〕

6ぴき いました。　　4ひき きました。　　また 2ひき きました。

【しき】 6+4+☐ = ☐　　こたえ ☐ ひき

**2** クッキーが 8こ ありました。
まゆさんは 4こ、いもうとは
3こ たべました。クッキーは
なんこ のこって いますか。 〔10てん〕

【しき】 8−☐ −☐ = ☐　　こたえ ☐ こ

**3** けいさんを しましょう。 1つ10〔80てん〕

① 3+7+6　　　② 9+1+4

③ 6−1−2　　　④ 9−5−3

⑤ 10−4+1　　　⑥ 10−7+5

⑦ 3+6−2　　　⑧ 14−4+3

# 10　たしたり　ひいたり　してみよう

／100てん

**1**▶ けいさんを　しましょう。

1つ10〔80てん〕

① 6+4+3

② 7+3+5

③ 5−2−2

④ 8−2−3

⑤ 10−6+4

⑥ 10−9+5

⑦ 4+5−2

⑧ 17−7+8

**2**▶ バスに　10人　のって
いました。5人　おりました。
つぎに　4人　のって　きました。
なん人に　なりましたか。

〔10てん〕

【しき】 □ = □　　こたえ □ 人

**3**▶ ジュースが　8本　あります。
5本　のんだあと、3本　かって
きました。なん本に
なりましたか。

〔10てん〕

【しき】 □ = □　　こたえ □ 本

こたえは
**68ページ**

## 11　たしざん ①

／100てん

**1**　ずを　見て、9+5の　けいさんの　しかたを
かんがえましょう。

1つ5〔20てん〕

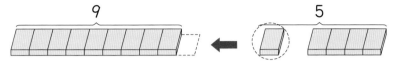

9　　　　　5

❶　10を　つくるには、9と　あと　[　　]。

❷　5を　[　　]と　4に　わける。

❸　9と　1で　[　　]。❹　10と　4で　[　　]。

**2**　おやの　ひつじが　9ひき、子どもの　ひつじが
4ひき　います。ぜんぶで　なんびき　いますか。

〔20てん〕

【しき】[　　　　　]=[　　　]　こたえ[　　]びき

**3**　けいさんを　しましょう。

1つ10〔60てん〕

❶　9+2　　　　　❷　8+7

❸　7+4　　　　　❹　8+5

❺　9+6　　　　　❻　8+3

## 11　たしざん ①

**1** けいさんを　しましょう。

1つ5〔30てん〕

① 7+5　　　② 8+9

③ 9+7　　　④ 7+7

⑤ 9+9　　　⑥ 7+6

**2** まん中の　かずに　まわりの　かずを
たしましょう。

□1つ5〔50てん〕

①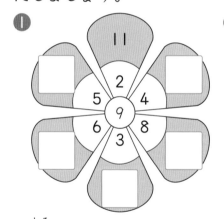

②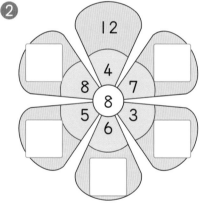

**3** 白い　うさぎが　8ぴき、
ピンクいろの　うさぎが　7ひき
います。ぜんぶで　なんびき
いますか。

〔20てん〕

【しき】□□□□=□□　こたえ□ひき

こたえは
68ページ

# 11 たしざん ②

／100てん

**1** ずを 見て、けいさんを しましょう。 1つ20〔40てん〕

①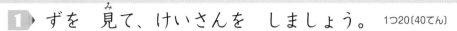

4＋8＝ ☐

② 

6＋7＝ ☐

**2** サッカーの せん手が 5人 います。
やきゅうの せん手が 7人 います。
ぜんぶで なん人 いますか。 〔20てん〕

5人 います。　　　　　7人 います。

【しき】 ☐ ＝ ☐ こたえ ☐ 人

**3** けいさんを しましょう。 1つ5〔40てん〕

① 5＋6　　　　② 5＋8

③ 6＋8　　　　④ 4＋9

⑤ 3＋9　　　　⑥ 5＋9

⑦ 4＋7　　　　⑧ 6＋6

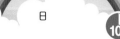

## 11 たしざん ②

／100てん

**1** けいさんを しましょう。 1つ5〔40てん〕

① 5+9 　　 ② 3+8

③ 8+8 　　 ④ 2+9

⑤ 6+7 　　 ⑥ 6+9

⑦ 9+8 　　 ⑧ 7+7

**2** こたえが 12に なるように □に かずを かきましょう。 1つ10〔20てん〕

① 4+□ 　　 ② 6+□

**3** □に 入(はい)る かずは 3、4、6、8の どれですか。 〔20てん〕

3+□＝1🧽 (すうじが けしごむで かくれて います。)

**4** 赤(あか)い おりがみが 4まい、白(しろ)い おりがみが 7まい あります。 おりがみは ぜんぶで なんまい ありますか。 〔20てん〕

【しき】

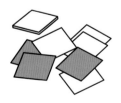

こたえ □ まい

こたえは
**69**ページ

# 11 たしざん ③

/100てん

**1** カードの おもてと うらを せんで
むすびましょう。

1つ10〔40てん〕

❶ 3+9　　❷ 4+7　　❸ 9+8　　❹ 6+8
・　　　　・　　　　・　　　　・

・　　　　　・　　　　　・　　　　・
あ 17　　い 14　　う 12　　え 11

**2** こたえが 15に なる カードに ぜんぶ
〇を つけましょう。

〔30てん〕

あ 9+5　　い 8+7　　う 5+8　　え 6+9

（　　）　（　　）　（　　）　（　　）

**3** こたえが 大きい ほうの カードに 〇を
つけましょう。

1つ15〔30てん〕

❶ 8+6　7+8　　❷ 5+7　8+3

（　）（　）　　（　）（　）

## 11　たしざん ③

／100てん

**1** こたえが おなじ かずに なる カードを
せんで むすびましょう。

1つ10〔40てん〕

① 7+7　② 9+3　③ 6+9　④ 4+9

あ 7+8　い 8+5　う 5+9　え 6+6

**2** こたえが つぎの かずに なる カードを
あ〜かから えらび、ぜんぶ かきましょう。 1つ20〔40てん〕

① 11 (　　　)　② 16 (　　　)

あ 4+8　い 9+2　う 7+9

え 7+4　お 8+9　か 8+8

**3** 金ぎょを 5ひき かって います。8ぴき
もらいました。ぜんぶで
なんびきに なりましたか。

〔20てん〕

【しき】 □ = □　こたえ □ びき

こたえは
69ページ

## 12 ひきざん ①

**1** ずを 見て、14−9の けいさんの しかたを
かんがえましょう。 1つ15〔45てん〕

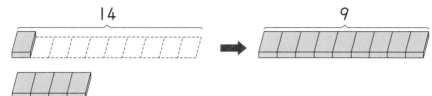

① 14を 10と ☐ に わける。

② 10から 9を ひいて ☐ 。

③ ☐ と 4を たして ☐ 。

**2** 貝がらを 13こ もって います。いもうとに
7こ あげました。なんこ のこって いますか。

7こ あげました。 〔15てん〕

【しき】 ☐ ＝ ☐ こたえ ☐ こ

**3** けいさんを しましょう。 1つ10〔40てん〕

① 11−9 ② 12−7

③ 13−8 ④ 15−8

## 12　ひきざん ①

／100てん

**1** けいさんを　しましょう。

1つ10〔80てん〕

① 11−8　　　② 17−9

③ 13−7　　　④ 16−7

⑤ 12−8　　　⑥ 15−9

⑦ 13−9　　　⑧ 17−8

**2** 15人で　こうえんに
いきました。おとなは　8人です。
子どもは　なん人ですか。　〔10てん〕

【しき】

こたえ □ 人

**3** たこが　7ひき、いかが
14ひき　います。どちらが
なんびき　おおいですか。　〔10てん〕

【しき】

こたえ（ 　　　 ）が □ ひき　おおい。

こたえは
69ページ

## 12　ひきざん ②

／100てん

**1** ▶ ずを　見て、けいさんを　しましょう。　1つ15〔30てん〕

① 

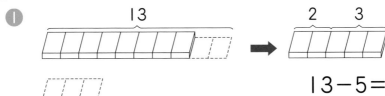

$13-5=\boxed{\phantom{0}}$

② 

$11-3=\boxed{\phantom{0}}$

**2** ▶ くりが　12こ　あります。4こ　たべました。
なんこ　のこって　いますか。　〔10てん〕

4こ　たべました。

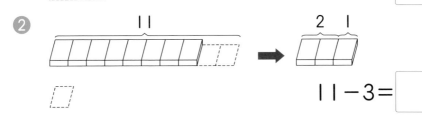

【しき】　　　　　　　　　　　　こたえ　$\boxed{\phantom{0}}$　こ

**3** ▶ けいさんを　しましょう。　1つ10〔60てん〕

① 11－4　　　　　② 13－4

③ 12－5　　　　　④ 14－6

⑤ 13－6　　　　　⑥ 11－5

## 12　ひきざん ②

**1** まん<ruby>中<rt>なか</rt></ruby>の　かずから　まわりの　かずを
ひきましょう。

□1つ10〔60てん〕

**①**

5

6
3 〔11〕 2
4

**②**

7

5
3 〔12〕 4
6

**2** こたえが　8に　なるように　□に　かずを
かきましょう。

1つ10〔20てん〕

**①** 13− □　　　　**②** 14− □

**3** えんぴつが　13<ruby>本<rt>ぼん</rt></ruby>　あります。
<ruby>ペン<rt>ぺん</rt></ruby>が　6本　あります。どちらが
なん本　おおいですか。　〔20てん〕

【しき】

こたえ（　　　　　　）が　□本　おおい。

こたえは
69ページ

## 12　ひきざん ③

／100てん

**1** カードの おもてと うらを せんで
むすびましょう。

1つ15[60てん]

❶ 11−5　❷ 12−5　❸ 12−7　❹ 17−8

・　　　　・　　　　・　　　　・

・　　　　・　　　　・　　　　・

ⓐ 7　　ⓘ 9　　ⓤ 6　　ⓔ 5

**2** こたえが 7に なる カードに ぜんぶ ○を
つけましょう。

[20てん]

ⓐ 11−3　ⓘ 16−9　ⓤ 14−6　ⓔ 15−8

（　）　（　）　（　）　（　）

**3** こたえが 大きい ほうの カードに ○を
つけましょう。

1つ10[20てん]

❶ 13−4　13−6　　❷ 11−7　12−7

（　）（　）　　　（　）（　）

こたえは
**69**ページ

## 12　ひきざん ③

/100てん

**1** こたえが おなじ かずに なる カードを
せんで むすびましょう。

1つ10〔40てん〕

❶ 14−8　❷ 16−8　❸ 11−4　❹ 18−9

・　　　　・　　　　・　　　　・

・　　　　・　　　　・　　　　・

あ 15−7　い 12−3　う 12−6　え 14−7

**2** 花は、ぜんぶで なん本 ありますか。　〔30てん〕

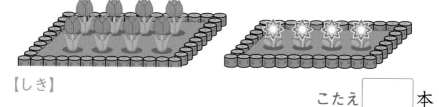

【しき】

こたえ 〔　　〕本

**3** シュークリームと プリンでは、どちらが
なんこ おおいですか。　〔30てん〕

【しき】

こたえ（　　　　　）が 〔　　〕こ おおい。

こたえは
70ページ

# 13　くらべてみよう ①

／100てん

**1** ▶ いちばん ながい ものは どれですか。　1つ20〔40てん〕

（　　　　　）　　　　　（　　　　　）

**2** ▶ ⓐと ⓘでは、どちらが ながいですか。　1つ20〔40てん〕

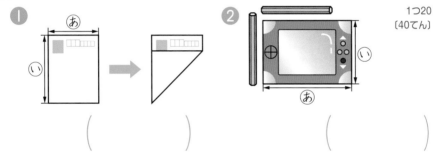

（　　　　　）　　　　　（　　　　　）

**3** ▶ いちばん ながい れっしゃは どれですか。〔20てん〕

（　　　　　）

## 13　くらべてみよう ①

/100てん

**1**▶ ながさを しらべましょう。　❶□1つ10❷10〔40てん〕

❶　あ〜うは、それぞれ ますの いくつぶんの
　ながさですか。

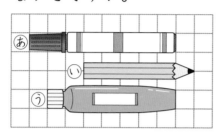

あ 　□ こぶん

い 　□ こぶん

う 　□ こぶん

❷　あと いでは、どちらが ますの いくつぶん
　ながいですか。

（　　　）の ほうが 　□ こぶん ながい。

**2**▶ たてと よこでは、
　どちらが ながいですか。

1つ20〔40てん〕

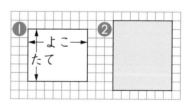

❶（　　　　）　❷（　　　　）

**3**▶ ながい じゅんに、あ〜えの
　きごうを かきましょう。

〔20てん〕

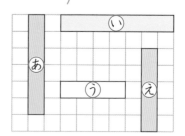

（　　→　　→　　→　　）

こたえは
**70**ページ

# 13　くらべてみよう ②

／100てん

**1** どちらが　おおく　入<sup>はい</sup>りますか。　　1つ25〔50てん〕

① ⑧　　　⑪

② ⑧　　　⑪

あふれた
⑧　　⑪

（　　　）　　　　（　　　）

**2** おおく　入る　じゅんに　かきましょう。　〔25てん〕

⑧　　　　　　⑪　　　　　　⑤

（　　　→　　　→　　　）

**3** ひろい　じゅんに　かきましょう。　〔25てん〕

⑧　　⑪　　　　　　⑤　　　⑥

はしを　きちんと　あわせると…。

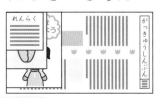

（　　　→　　　→　　　→　　　）

# 13　くらべてみよう ②

／100てん

**1**　あと　いでは、どちらが　どれだけ
おおいですか。

1つ20〔60てん〕

 あ　　　　　　 い　　

❶　あは　🥛で　□はい。

❷　いは　🥛で　□ぱい。

❸　（　　　）の　ほうが　🥛で　□ぱいぶん

おおいです。

**2**　あと　いでは　どちらが　ひろいですか。

1つ20〔40てん〕

❶　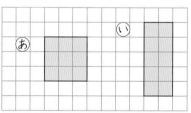

（　　　）

❷　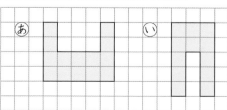

（　　　）

こたえは
70ページ

# 14　かたちを　つくろう

/100てん

**1** 下の　かたちは、⑤の　いろいたが　なんまいで
できますか。　　　　1つ20〔80てん〕

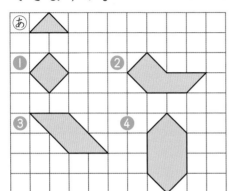

1 [　] まい

2 [　] まい

3 [　] まい

4 [　] まい

**2** 左の　かたちの　ぼうを　うごかして、右の
かたちに　しました。左の　かたちで、うごかした
ぼうを　◯で　かこみましょう。　　　　1つ10〔20てん〕

1

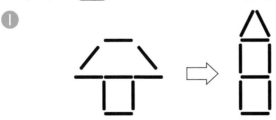

2

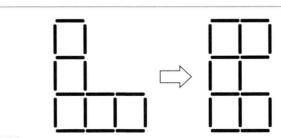

# 14　かたちを　つくろう

**1** きめられた　かずの　いろいたで、下の
かたちを　つくりました。どのように　いろいたを
ならべたか　わかるように、せんを　ひきましょう。

1つ20〔60てん〕

① 5まい　　② 6まい　　③ 8まい

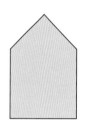　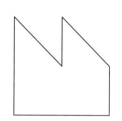　

**2** おなじ　かたちを　かきましょう。　　1つ20〔40てん〕

①

②

こたえは
70ページ

# 15 大きい かずを かぞえよう ①

／100てん

**1** なんこ ありますか。□に かずを
かきましょう。

1つ20〔40てん〕

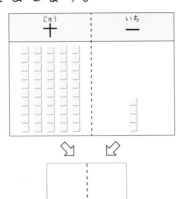

❶

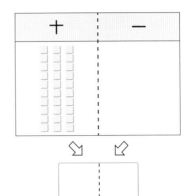

❷

**2** かずを かきましょう。

1つ20〔40てん〕

❶  □ まい

❷   □ こ

**3** □に かずを かきましょう。

1つ10〔20てん〕

❶ 10が 7こと、1が 3こで □ 。

❷ 82の 十のくらいの すうじは □ 、

一のくらいの すうじは □ 。

# かくにん 25

## 15 大きい かずを かぞえよう ①

／100てん

**1** □に かずを かきましょう。　　1つ10〔20てん〕

① 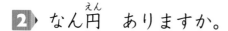🔟 が 6たばで □ まい。

② 🥚が 2パック(ぱっく)と、○が 4こで □ こ。

**2** なん円(えん) ありますか。　　1つ10〔20てん〕

①  　こたえ

10円玉(だま)が □ こ　　1円玉が □ こ　　□ 円

②  　こたえ

10円玉が □ こ　　1円玉が □ こ　　□ 円

**3** □に かずを かきましょう。　　1つ20〔60てん〕

① 10が 5こと、1が 6こで □ 。

② 81は 10が □ こと、1が □ こ。

③ 十(じゅう)のくらいが 9で、一(いち)のくらいが 0の

かずは □ 。

こたえは 71ページ

## 15　大きい　かずを　かぞえよう②

／100てん

**1**▶ □に　かずを　かきましょう。　　1つ20〔40てん〕

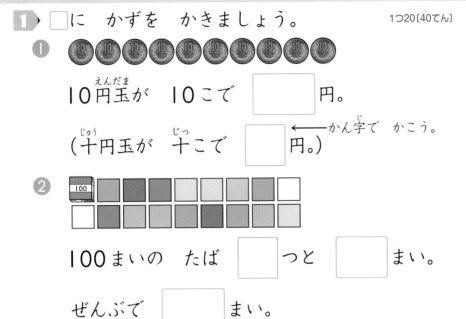

① 10円玉（えんだま）が　10こで　□円。

（十円玉（じゅう）が　十こ（じっ）で　□円。）　←かん字で　かこう。

② 100まいの　たば　□つと　□まい。

ぜんぶで　□まい。

**2**▶ ⓐ、ⓘで　どちらが　大きいですか。　　1つ10〔20てん〕

① ⓐ30⬭ⓘ37（　　）　② ⓐ63⬭ⓘ56（　　）

**3**▶ □に　かずを　かきましょう。　　1つ20〔40てん〕

① 96より　4　大きい　かずは　□。

② 100より　5　小（ちい）さい　かずは　□。

# 15　大きい かずを かぞえよう ②

／100てん

**1** ぜんぶで なん円ですか。　1つ10〔20てん〕

❶ 　　❷

　　　　　円　　　　　　　円

**2** 小さい じゅんに かきましょう。　1つ10〔20てん〕

❶ 81、69、73　　❷ 70、92、58

（　　　　　）（　　　　　）

**3** □に かずを かきましょう。　1つ10〔30てん〕

❶ ─47─48─□─□─51─□─

❷ ─65─□─75─80─□─□─

❸ ─□─□─98─97─□─95─

**4** □に かずを かきましょう。　1つ10〔30てん〕

❶ 110より 10 小さい かずは □。

❷ 118より 2 大きい かずは □。

❸ 98は、あと □ で 100。

こたえは
71ページ

きほん
**27**

# 15 大きい かずを かぞえよう ③

／100てん

**1** おりがみは なんまい ありますか。 1つ10〔20てん〕

① 20＋60  ☐ まい

② 70－40  ☐ まい

**2** はがきが 21まい あります。きょう 5まい
かって きました。ぜんぶで なんまいですか。
【しき】 〔10てん〕

こたえ ☐ まい

**3** 1年生が 38人、2年生が 8人 います。
ちがいは なん人ですか。 〔10てん〕
【しき】

こたえ ☐ 人

**4** けいさんを しましょう。 1つ10〔60てん〕

① 10＋50 ② 62＋4

③ 3＋42 ④ 90－10

⑤ 100－80 ⑥ 77－5

こたえは
**71ページ**

## 15　大きい　かずを　かぞえよう ③

／100てん

**1** 赤い　ペンが　20本、くろい
ペンが　30本　あります。ぜんぶで
なん本ですか。

〔25てん〕

【しき】

こたえ 　　　 本

**2** 100円で　40円の　ガムを
かいました。おつりは　いくらですか。

【しき】

〔25てん〕

こたえ 　　　 円

**3** けいさんを　しましょう。

1つ5〔50てん〕

① 30+40　　　② 90+10

③ 86+2　　　④ 50+5

⑤ 7+21　　　⑥ 60−20

⑦ 100−70　　　⑧ 88−3

⑨ 79−6　　　⑩ 92−2

こたえは
**71**ページ

# 16　なんじなんぷん

/100てん

**1** とけいを　よみましょう。

1つ20〔60てん〕

①  （　　　　　）

②  （　　　　　）

③  （　　　　　）

**2** ながい　はりを　かきましょう。

1つ20〔40てん〕

① ９じ15ふん

② 11じ40ぷん

## 28 かくにん

# 16　なんじなんぷん

／100てん

**1** とけいを　よみましょう。　　1つ20〔40てん〕

①　　　　　　　　　②

（　　　　　）　（　　　　　）

**2** ながい　はりを　かきましょう。　　1つ15〔30てん〕

① 3じ41ぷん　　　② 7じ53ぷん

**3** せんで　むすびましょう。　　1つ10〔30てん〕

 ①

 ②

③

・

・

・

・

ⓐ 2じ34ぷん　　　ⓘ 5じ7ふん　　　ⓤ 11じ18ぷん

こたえは
71ページ

## 17　たすのかな　ひくのかな
## 　　ずに　かいて　かんがえよう

／100てん

**1** おみせに　ならんで　います。けんさんは
まえから　4ばん目です。けんさんの　うしろには
6人　います。みんなで　なん人　いますか。〔40てん〕

4ばん目

（まえ）　　　　　　　　　　　　　　　　（うしろ）

【しき】

こたえ □ 人

**2** えんぴつが　12本　あります。
9人に　1本ずつ　くばると、
えんぴつは　なん本　のこりますか。

【しき】　　　　　　　　　　　　　　　〔30てん〕

こたえ □ 本

**3** じてん車が　8だい　あります。いちりん車は
じてん車より　5だい　おおいです。いちりん車は
なんだい　ありますか。　　　　　　　　　〔30てん〕

【しき】

こたえ □ だい

# 17　たすのかな　ひくのかな
## ずに　かいて　かんがえよう

/100てん
10ぷん

**1** ▶ 16人で　ならんで　います。あやさんは　左から　7ばん目です。右に　なん人　いますか。〔30てん〕

（左）　　　　　　　　　　　　　　　　　（右）

【しき】

こたえ □ 人

**2** ▶ ゆうきさんは、かにを　11ぴき　つかまえました。おとうとは　ゆうきさんより　5ひき　すくなかったです。おとうとは　なんびき　つかまえましたか。〔30てん〕

【しき】

こたえ □ ぴき

**3** ▶ 下の　おかしを　3人で　おなじ　かずに　なるように　わけます。もらえる　かずだけ　○を　ぬり、□に　かずを　かきましょう。〔40てん〕

おにいさん　○○○○○○○○○○○○
れいさん　　○○○○○○○○○○○○
いもうと　　○○○○○○○○○○○○

□ ＋ □ ＋ □ ＝12

こたえは
72ページ

# 18　かずしらべ

／100てん

**1**▶ にわとりが　うんだ　たまごの　かずを
しらべましょう。

❶❷1つ40、❸20〔100てん〕

月よう日　　火よう日　　水よう日　　木よう日　　金よう日

① にわとりが　うんだ　たまごの　かずを
かきましょう。

| 月 | 火 | 水 | 木 | 金 |
|---|---|---|---|---|
| こ | こ | こ | こ | こ |

② それぞれの　よう日に
にわとりが　うんだ
たまごの　かずだけ　いろを
ぬりましょう。

③ いちばん　おおい　日と
いちばん　すくない　日の
ちがいは　なんこですか。

□ こ

かくにん
**30**

# 18　かずしらべ

／100てん

**1** どうぶつの　かずを　しらべましょう。　❶40❷31つ30
〔100てん〕

Ⅰ　どうぶつの　かずだけ　いろを　ぬりましょう。

| ○ | ○ | ○ | ○ | ○ |
| ○ | ○ | ○ | ○ | ○ |
| ○ | ○ | ○ | ○ | ○ |
| ○ | ○ | ○ | ○ | ○ |
| ○ | ○ | ○ | ○ | ○ |
| 犬 | さる | うさぎ | ひつじ | うし |

**2** いちばん　おおい　どうぶつは
なんですか。　　（　　　　　）

**3** 4ひき　いる　どうぶつは
なんですか。　　（　　　　　）

こたえは
72ページ

## かくにん 31

## 19　1年の　まとめを　しよう①
### （力だめし）

／100てん

**1** けいさんを　しましょう。　　　　　　1つ5〔30てん〕

① 9+6　　　　② 7+8

③ 13-7　　　　④ 16-8

⑤ 10-1-7　　　⑥ 9-3+2

**2** 大きい　ほうに　○を　つけましょう。　1つ10〔20てん〕

① | **87** | **69** |
② | **39** | **40** |

（　）（　）　　　　　（　）（　）

**3** □に　かずを　かきましょう。　　1つ10〔30てん〕

85　　90　①[　]　100　②[　]　110　③[　]

**4** ながい　じゅんに　1、2、3の　ばんごうを
かきましょう。　　　　　　　　　〔20てん〕

 あ

 い

 う

あ [　]

い [　]

う [　]

## 19　1年の　まとめを　しよう②
## （力だめし）

／100てん

**1** けいさんを　しましょう。　　　　1つ5〔30てん〕

① 80＋10　　　　② 100−30

③ 70＋6　　　　④ 67−7

⑤ 54＋3　　　　⑥ 39−4

**2** つぎの　かずを　かきましょう。　1つ10〔20てん〕

① 60より　7　大きい　かず

② 100より　2　小さい　かず

**3** とけいを　よみましょう。　　　1つ10〔20てん〕

① 　　　②

（　　　　　）（　　　　　）

**4** りくさんは　まえから　7ばん目で、りくさんの
うしろに　9人　ならんで　います。みんなで
なん人　ならんで　いますか。　　　　〔30てん〕

【しき】

こたえ　□　人

こたえは72ページ

# こたえ

## 1
3・4ページ

1 ① ② ③ ④
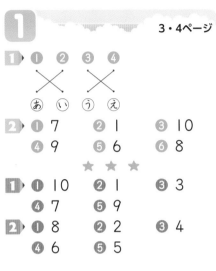
あ い う え

2 ① 7 ② 1 ③ 10
④ 9 ⑤ 6 ⑥ 8

★ ★ ★

1 ① 10 ② 1 ③ 3
④ 7 ⑤ 9

2 ① 8 ② 2 ③ 4
④ 6 ⑤ 5

## 2
5・6ページ

1 ① (○)( ) ② ( )(○)
③ ( )(○) ④ (○)( )

2 ① —1—2—3—
② —5—6—7—

3 ① 2 ② 1 ③ 0

てびき ③なにもないかずは 0(れい)

★ ★ ★

1 ① 6 ② 0

2 ① —0—1—2—3—4—
② —6—7—8—9—10—

3 ① (○)( ) ② ( )(○)
③ ( )(○) ④ (○)( )

## 3
7・8ページ

1 ① 5 ② 4
③ 3 ④ 1

2 ① ② ③ ④
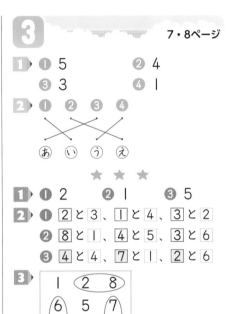
あ い う え

★ ★ ★

1 ① 2 ② 1 ③ 5

2 ① 2と3、1と4、3と2
② 8と1、4と5、3と6
③ 4と4、7と1、2と6

3
```
 1  ②  ⑧
 ⑥  5  ⑦
 ④  9  ③
```

## 4
9・10ページ

1 ①
②

てびき 「まえから□ひき」と「まえから□ひきめ」のちがいを、しっかりと区別しましょう。

2 ① 2 ② 3 ③ 2

★ ★ ★

学図版・算数 1 年—65

**1** ❶ (animals)
❷ (animals)

**2** ❶ 2　　❷ 4

---

## 5　　11・12ページ

**1** ❶ $4+1=5$　　こたえ 5 ひき
❷ $2+2=4$　　こたえ 4 ひき
❸ $1+3=4$　　こたえ 4 だい

**2** ❶ $5+2=7$　　こたえ 7 わ
❷ $3+3=6$　　こたえ 6 こ

★ ★ ★

**1** $3+4=7$　　こたえ 7 ひき
**2** $8+2=10$　　こたえ 10 だい
**3** ❶ 6　　❷ 9　　❸ 8
❹ 4　　❺ 2　　❻ 9
❼ 6　　❽ 10

---

## 6　　13・14ページ

**1** ❶ $5+2=7$　　こたえ 7 こ
❷ $5+0=5$　　こたえ 5 こ
❸ $0+1=1$　　こたえ 1 こ

**2** ❶ ❷ ❸ ❹
あ　い　う　え

★ ★ ★

**1** $4+4=8$　　こたえ 8 ぽん
**2** ❶ ❷ ❸ ❹
あ　い　う　え

**3** ❶ 7　　❷ 8　　❸ 6
❹ 8　　❺ 9　　❻ 0

---

## 7　　15・16ページ

**1** ❶ $3-2=1$　　こたえ 1 ぴき
❷ $6-4=2$　　こたえ 2 だい
❸ $4-1=3$　　こたえ 3 ぼん

**2** ❶ $3-3=0$　　こたえ 0 だい
❷ $5-0=5$　　こたえ 5 ひき

★ ★ ★

**1** $9-5=4$　　こたえ 4 わ
**2** ❶ 1　　❷ 3　　❸ 4
❹ 6　　❺ 2　　❻ 5
❼ 3　　❽ 1

**3** ❶ あ、え　　❷ い、う

---

## 8　　17・18ページ

**1** $8-5=3$
こたえ 3 こ　おおい

**2** $6-4=2$
こたえ 2 つ　すくない

**3** ❶ ❷ ❸ ❹
あ　い　う　え

★ ★ ★

**1** $8-3=5$　　こたえ 5 ひき
**2** $10-6=4$
こたえ （2 ねんせい）が
4 にん　おおい

**3** $7-3=4$　　こたえ 4 ほん
**4** う

## 9

19・20ページ

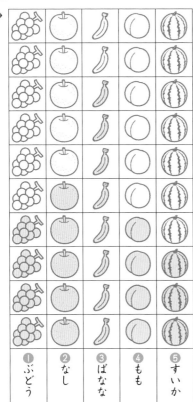

| ❶ ぶどう | ❷ なし | ❸ ばなな | ❹ もも | ❺ すいか |

★ ★ ★

❶ ❶ ばなな　❷ すいか
　❸ なし　　❹ ぶどう（と）もも
　❺ 5 こ

## 10

21・22ページ

❶ ❶ 10 と 2 で 12
　❷ 10 と 4 で 14

❷ ❶ 10 と 5　15 こ
　❷ 10 と 10　20 こ

❸ ❶ 3　❷ 10　❸ 11　❹ 19

---

★ ★ ★

❶ ❶ 11 ぴき　❷ 14 こ

❷ ❶ 8　　　❷ 5
　❸ 16　　❹ 10

❸ ❶ 13　　❷ 20
　❸ 7　　　❹ 10

## 11

23・24ページ

❶ ❶ －11－12－13－
　❷ 16－17－18
　❸ －20－19－18－
　❹ －15－14－13

❷ ❶ ⓘ　　❷ あ　　❸ あ

❸ ❶ 16　❷ 14　❸ 13

★ ★ ★

❶ ❶ －10－11－12－13－14
　　　　　　－15－16－
　❷ －20－19－18－17－16
　　　　　　－15－14－

❷ ❶ 16　　❷ 11

❸ ❶ 17　　❷ 12
　❸ 3　　　❹ 2

## 12

25・26ページ

❶ ❶ 10＋8＝18
　❷ 17－7＝10
　❸ 17＋2＝19
　❹ 19－5＝14

❷ ❶ 15　　❷ 17
　❸ 17　　❹ 10
　❺ 10　　❻ 12

★ ★ ★

学図版・算数 1 年—67

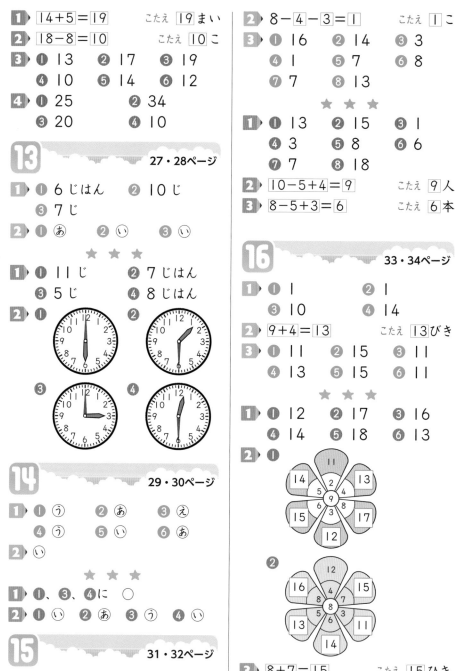

**1** ▷ $14+5=19$  　こたえ $19$ まい

**2** ▷ $18-8=10$  　　こたえ $10$ こ

**3** ▷ ❶ 13　❷ 17　❸ 19
　　　❹ 10　❺ 14　❻ 12

**4** ▷ ❶ 25　　　❷ 34
　　　❸ 20　　　❹ 10

## 13　27・28ページ

**1** ▷ ❶ 6 じはん　❷ 10 じ
　　　❸ 7 じ

**2** ▷ ❶ ⓐ　　❷ ⓘ　　❸ ⓘ

　　★　★　★

**1** ▷ ❶ 11 じ　　❷ 7 じはん
　　　❸ 5 じ　　❹ 8 じはん

**2** ▷ ❶　❷　❸　❹

## 14　29・30ページ

**1** ▷ ❶ ⓤ　　❷ ⓐ　　❸ ⓔ
　　　❹ ⓤ　　❺ ⓘ　　❻ ⓐ

**2** ▷ ⓘ

　　★　★　★

**1** ▷ ❶、❸、❹に ○

**2** ▷ ❶ ⓘ　❷ ⓐ　❸ ⓤ　❹ ⓘ

## 15　31・32ページ

**1** ▷ $6+4+2=12$　こたえ $12$ ひき

**2** ▷ $8-4-3=1$　　こたえ $1$ こ

**3** ▷ ❶ 16　❷ 14　❸ 3
　　　❹ 1　　❺ 7　　❻ 8
　　　❼ 7　　❽ 13

　　★　★　★

**1** ▷ ❶ 13　❷ 15　❸ 1
　　　❹ 3　　❺ 8　　❻ 6
　　　❼ 7　　❽ 18

**2** ▷ $10-5+4=9$　　こたえ $9$ 人

**3** ▷ $8-5+3=6$　　こたえ $6$ 本

## 16　33・34ページ

**1** ▷ ❶ 1　　　❷ 1
　　　❸ 10　　❹ 14

**2** ▷ $9+4=13$　　こたえ $13$ びき

**3** ▷ ❶ 11　❷ 15　❸ 11
　　　❹ 13　❺ 15　❻ 11

　　★　★　★

**1** ▷ ❶ 12　❷ 17　❸ 16
　　　❹ 14　❺ 18　❻ 13

**2** ▷ ❶
　　　❷

**3** ▷ $8+7=15$　　こたえ $15$ ひき

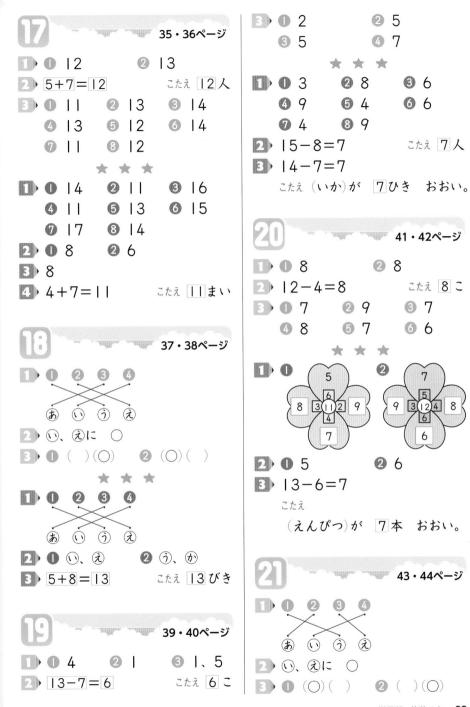

**17** 35・36ページ

1 ① 12　② 13

2 5+7=12　こたえ 12人

3 ① 11　② 13　③ 14
　④ 13　⑤ 12　⑥ 14
　⑦ 11　⑧ 12

★ ★ ★

1 ① 14　② 11　③ 16
　④ 11　⑤ 13　⑥ 15
　⑦ 17　⑧ 14

2 ① 8　② 6

3 8

4 4+7=11　こたえ 11まい

**18** 37・38ページ

1 ① ② ③ ④ → あ い う え

2 い、え に ○

3 ① （ ）（○）　② （○）（ ）

★ ★ ★

1 ① ② ③ ④

2 ① い、え　② う、か

3 5+8=13　こたえ 13びき

**19** 39・40ページ

1 ① 4　② 1　③ 1、5

2 13−7=6　こたえ 6こ

**3** ① 2　② 5
　③ 5　④ 7

★ ★ ★

1 ① 3　② 8　③ 6
　④ 9　⑤ 4　⑥ 6
　⑦ 4　⑧ 9

2 15−8=7　こたえ 7人

3 14−7=7
　こたえ （いか）が 7ひき おおい。

**20** 41・42ページ

1 ① 8　② 8

2 12−4=8　こたえ 8こ

3 ① 7　② 9　③ 7
　④ 8　⑤ 7　⑥ 6

★ ★ ★

1 ① ②

2 ① 5　② 6

3 13−6=7
　こたえ
　（えんぴつ）が 7本 おおい。

**21** 43・44ページ

1 ① ② ③ ④

2 い、え に ○

3 ① （○）（ ）　② （ ）（○）

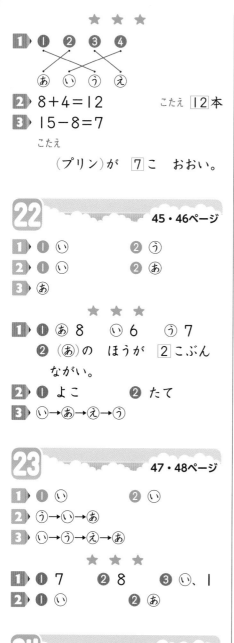

**1** ❶ ❷ ❸ ❹
あ い う え

**2** 8+4=12    こたえ 12 本

**3** 15−8=7
こたえ
（プリン）が 7 こ おおい。

## 22    45・46ページ

**1** ❶ い    ❷ う
**2** ❶ い    ❷ あ
**3** あ

★ ★ ★

**1** ❶ あ 8   い 6   う 7
❷ （あ）の ほうが 2 こぶん
ながい。
**2** ❶ よこ    ❷ たて
**3** い→あ→え→う

## 23    47・48ページ

**1** ❶ い    ❷ い
**2** う→い→あ
**3** い→う→え→あ

★ ★ ★

**1** ❶ 7   ❷ 8   ❸ い、1
**2** ❶ い    ❷ あ

## 24    49・50ページ

**1** ❶ 2   ❷ 4   ❸ 4   ❹ 6

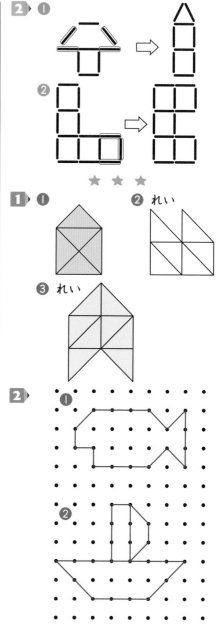

**2** ❶
❷

★ ★ ★

**1** ❶
❷ れい
❸ れい

**2** ❶
❷

## 25

51・52ページ

1▶ ❶ 5 4   ❷ 3 0
2▶ ❶ 47   ❷ 65
3▶ ❶ 73   ❷ 8、2

★ ★ ★

1▶ ❶ 60   ❷ 24
2▶ ❶ 3、7、37
　　❷ 4、2、42
3▶ ❶ 56   ❷ 8、1
　　❸ 90

## 26

53・54ページ

1▶ ❶ 100、百
　　❷ 1、17、117
2▶ ❶ ⓘ   ❷ ⓐ
3▶ ❶ 100   ❷ 95

★ ★ ★

1▶ ❶ 120   ❷ 103
2▶ ❶ 69、73、81
　　❷ 58、70、92
3▶ ❶ -47-48-49-50
　　　　　　　-51-52-
　　❷ -65-70-75-80
　　　　　　　-85-90-
　　❸ -100-99-98-97
　　　　　　　-96-95-
4▶ ❶ 100   ❷ 120
　　❸ 2

## 27

55・56ページ

1▶ ❶ 80   ❷ 30
2▶ 21+5=26   こたえ 26 まい
3▶ 38-8=30   こたえ 30 人
4▶ ❶ 60   ❷ 66   ❸ 45
　　❹ 80   ❺ 20   ❻ 72

★ ★ ★

1▶ 20+30=50   こたえ 50 本
2▶ 100-40=60   こたえ 60 円
3▶ ❶ 70   ❷ 100   ❸ 88
　　❹ 55   ❺ 28   ❻ 40
　　❼ 30   ❽ 85   ❾ 73
　　❿ 90

## 28

57・58ページ

1▶ ❶ 7 じ 10 ぷん
　　❷ 7 じ 55 ふん
　　❸ 10 じ 25 ふん
2▶ ❶    ❷

★ ★ ★

1▶ ❶ 1 じ 36 ぷん
　　❷ 4 じ 2 ふん
2▶ ❶    ❷
3▶ ❶ ❷ ❸
　　（交差した線）
　　ⓐ ⓘ ⓤ

1▶ 4+6=10　　こたえ 10人

てびき 図にかいて考えましょう。

2▶ 12−9=3　　こたえ 3本

てびき

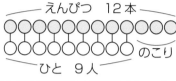

○と○を線で結んで考えましょう。

3▶ 8+5=13　　こたえ 13だい

★　★　★

1 16−7=9　　こたえ 9人
2 11−5=6　　こたえ 6ぴき
3 おにいさん ○○○○○○○○○○○○
　 れいさん ○○○○○○○○○○○○
　 いもうと ○○○○○○○○○○○○
　 4+4+4=12

30 61・62ページ

1▶ ❶ 月よう日　7こ
　　 火よう日　5こ
　　 水よう日　3こ
　　 木よう日　4こ
　　 金よう日　6こ

❷
| 月よう日 | 火よう日 | 水よう日 | 木よう日 | 金よう日 |
|---|---|---|---|---|

❸ 4こ

★　★　★

1▶ ❶
| 犬 | さる | うさぎ | ひつじ | うし |
|---|---|---|---|---|

❷ うさぎ　　❸ ひつじ

31 63ページ

1▶ ❶ 15　❷ 15　❸ 6
　　❹ 8　❺ 2　❻ 8
2▶ ❶ (○)( )　❷ ( )(○)
3▶ ❶ 95　❷ 105　❸ 115
4▶ ㋐ 2　㋑ 1　㋒ 3

32 64ページ

1▶ ❶ 90　　❷ 70
　　❸ 76　　❹ 60
　　❺ 57　　❻ 35
2▶ ❶ 67　　❷ 98
3▶ ❶ 11じ23ぷん
　　❷ 5じ44ぷん
4▶ 7+9=16　　こたえ 16人

3 2 1 0 9 8 7 6 5 4
＊ ＊ D C B A